Noureddine Abdelkrim
Abdelhamide Bradai

L'impact de la qualité de l'eau d'irrigation sur le sol

Noureddine Abdelkrim
Abdelhamide Bradai

L'impact de la qualité de l'eau d'irrigation sur le sol

Evolution géochimique de la solution du sol au contact avec une eau à alcalinité résiduelle calcite positive

Éditions universitaires européennes

Impressum / Mentions légales

Bibliografische Information der Deutschen Nationalbibliothek: Die Deutsche Nationalbibliothek verzeichnet diese Publikation in der Deutschen Nationalbibliografie; detaillierte bibliografische Daten sind im Internet über http://dnb.d-nb.de abrufbar.
Alle in diesem Buch genannten Marken und Produktnamen unterliegen warenzeichen-, marken- oder patentrechtlichem Schutz bzw. sind Warenzeichen oder eingetragene Warenzeichen der jeweiligen Inhaber. Die Wiedergabe von Marken, Produktnamen, Gebrauchsnamen, Handelsnamen, Warenbezeichnungen u.s.w. in diesem Werk berechtigt auch ohne besondere Kennzeichnung nicht zu der Annahme, dass solche Namen im Sinne der Warenzeichen- und Markenschutzgesetzgebung als frei zu betrachten wären und daher von jedermann benutzt werden dürften.

Information bibliographique publiée par la Deutsche Nationalbibliothek: La Deutsche Nationalbibliothek inscrit cette publication à la Deutsche Nationalbibliografie; des données bibliographiques détaillées sont disponibles sur internet à l'adresse http://dnb.d-nb.de.
Toutes marques et noms de produits mentionnés dans ce livre demeurent sous la protection des marques, des marques déposées et des brevets, et sont des marques ou des marques déposées de leurs détenteurs respectifs. L'utilisation des marques, noms de produits, noms communs, noms commerciaux, descriptions de produits, etc, même sans qu'ils soient mentionnés de façon particulière dans ce livre ne signifie en aucune façon que ces noms peuvent être utilisés sans restriction à l'égard de la législation pour la protection des marques et des marques déposées et pourraient donc être utilisés par quiconque.

Coverbild / Photo de couverture: www.ingimage.com

Verlag / Editeur:
Éditions universitaires européennes
ist ein Imprint der / est une marque déposée de
OmniScriptum GmbH & Co. KG
Heinrich-Böcking-Str. 6-8, 66121 Saarbrücken, Deutschland / Allemagne
Email: info@editions-ue.com

Herstellung: siehe letzte Seite /
Impression: voir la dernière page
ISBN: 978-613-1-59247-8

Evolution géochimique de la solution du sol au contact avec une eau à alcalinité résiduelle calcite positive

Noureddine Abdelkrim

Abdelhamid Bradai

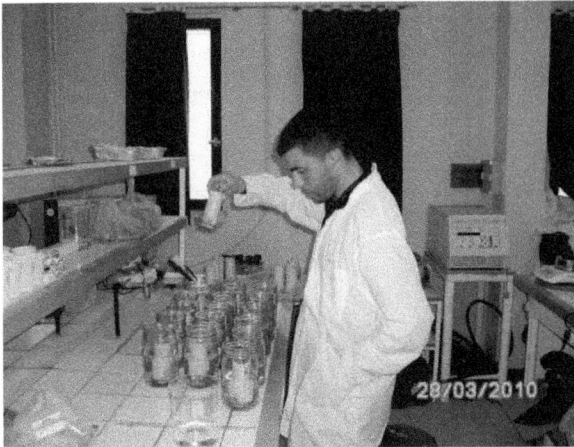

28/03/2010

Remerciements

Tout d'abord, je remercie **notre Dieu tout puissant** qui m'a donné la foi, qui m'a guidé durant toute ma vie et qui m'a donné la volonté de continuer mes études. Je tiens à remercier **Monsieur BRADAI. Abdelhamid** charger de cours à l'université de Chlef, qui a été l'un de mes meilleurs enseignants, et qui m'a fait l'honneur de diriger mon premier projet de fin d'étude ainsi que ce travail qui a consacré son temps et ses moyens personnels pour l'achèvement de ce travail, nous tiendrions à le remercier vivement pour sa disponibilité constante, son esprit critique et ses encouragements le long de notre travail.

ABDELKRIM

Dédicaces

C'est avec l'aide de dieu que j'ai pu arriver au terme de ce modeste travail, que je tiens à dédier le fruit de mes études :

A mes très chers et adorables parents que dieu les gardent, qui m'ont bien encouragé pour atteindre mon but et je les remercie surtout pour leur amour et leur soutien moral,

A Mes chères sœurs

A Mes chers frères

A Toutes mes amies

A tous les étudiants de master 2 Eau Environnement de la promotion (2009-2010)

A celles et ceux que je garde enfouie dans mon cœur et mes pensées.

ABDELKRIM

Liste des abréviations

S.A.U : la surface agricole utile

M.A.P : ministère de l'agriculture et de la pèche

RSC : Résiduel Sodium Carbonates ou Carbonates de Sodium Résiduelle

SAR : Taux d'Absorption du Sodium

CE : Conductivité Electrique

FAO: Fond and Agronomicol Organisation

FC: facteur de concentration

Ks : donnée thermodynamique du minéral AB

MWD: Mean Weight Diameter ou diamètre moyen pondéré

PKs: produit de solubilité

ABH-CZ : Agence du Bassin Hydrographique – Chéliff Zahrez

RA calcite : alcalinité résiduelle de calcite

PVC : Le polychlorure de vinyle

LISTE DES FIGURES

Liste des tableaux

TABLE DE MATIERES

Remerciements

Dédicace

Liste des abréviations

Liste des figures

Liste des tableaux

CHAPITRE IV : RÉSULTAS ET DISCUSSION

Résumé

En Algérie, plus de 20 % des sols irrigués sont concernés par le problème de la salinité.

Dans la partie nord-ouest de l'Algérie, la plaine du Bas-Chéliff se situe dans la zone la plus touchée. Les travaux effectués récemment dans la plaine du Bas-Chéliff ont montré que le problème de la salinisation des sols touche 80 % de la superficie totale étudiée.

La sécheresse qui dure depuis deux décennies en plus l'affectation des eaux du barrage de GARGAR vers la ville d'Oran depuis 2003 et dernièrement celles merdjet Sidi Abed ont contraint les agriculteurs à utiliser les eaux souterraines comme sources d'irrigation et sa c'est l'origine de ce problème.

L'objectif de ce travail vise à étudier l'évolution géochimique de la solution du sol en contact avec une eau a alcalinité résiduelle calcite positif; et les risques de dégradation des sols dans la plaine du Bas-Cheliff. Une eau à alcalinité résiduelle calcite positive est ramenée au laboratoire avec laquelle on a irrigué deux textures des sols distribués sur des pots. Nous avons provoqué deux états : état d'équilibre eau-sol, état non équilibre. Il a était trouvé qu'au fur et mesure que les eaux se concentrent dans le sol, il y aura une précipitation de la calcite et une augmentation du sodium qui est due probablement à une désorption du complexe d'échange du sol. Le SAR augmente d'une manière considérable ce qui induit à une sodisation des sols. Cette dernière ne sera pas sans conséquences sur la dégradation physique du sol en particulier pour la texture argileuse.

Mots clés : sodisation, eau souterraine, alcalinité résiduelle calcite, salinisation, géochimique

ملخص

في الجزائر أكثر من20 % من التربه المسقية معنية بالملوحة. في شمال غرب الجزائر سهل الشلف الأسفل واقع في المنطقة الاكثر عرضة لهده الظاهرة

الأعمال المنجزة حديثا في سهل الشلف الأسفل بينت ان مشكل الملوحة يمس80 % من المساحة الكلية المدروسة

إن الجفاف المستمر خلال العشريتين الأخيرتين و تصريف مياه سد قرقار نحو مدينة وهران و ندرة مياه مرجة سيدي عابد أدى إلى استعمال الفلاحين المياه الجوفية وهذا هو أصل المشكل.

الهدف من هذا العمل هو دراسة التطور الجيوكيميائي لمحلول التربة المتصل بمياه دات القاعدة المترسبة الكلسية الموجبة.و مخاطر اتلاف التربة في سهل الشلف الأسفل.

الماء ذات القاعدة المترسبة الكلسية الموجبة جلب إلى المخبر لسقي نوعين من التربة مختلفي النسيج موزعين على الأنابيب. قسمنا كل تربة إلى حالتين حالة التوازن ماء تربة و حالة عدم التوازن. وجدنا مع مرور الوقت المياه تتركز في التربة كما حدث ترسب الكالسيت وارتفاع الصوديوم الذي هو على الأرجح بسبب تفكك مركب تبادل التربة.

نسبة تثبيت الصوديوم في المركب تتصاعد بطريقة معتبرة و الذي يؤدي إلى ملوحة قاعدية للتربة وهذه الأخيرة ذات تأثير سلبي على الخصائص الفيزيائية للتربة و خاصة الغضارية

كلمات المفتاح: الملوحة القاعدية. المياه الجوفية ، القاعدة المترسبة الكلسية، الملوحة.حالة التوازن. الجيوكيميائي .

Abstract

In Algeria, more than 20% of irrigated soils are affected by the problem of salinity. In the north-weste of Algeria, the plains of Lower Cheliff situated in the area the most affected. The work carried out recently in the plains of Lower Cheliff has shown that the problem of soil salinization affects 80% of the total area studied. The drought that has lasted two decades and more allocation dam water gargle to the city of Oran in 2003 and recently those merdjet Sidi Abed forced farmers to use groundwater as a source of irrigation

The objective of this work is to study the geochemical evolution of the soil solution in contact with a water calcite residual alkalinity positive and risks of land degradation in the plain low-Cheliff.

Water-based residual positive limestone brought to the lab to irrigate the soil types of different-fabric distributors on the pipes. We divided all the soil into two equilibrium soil water and the absence of balance. We found with the passage of time that the water is concentrated in the soil as precipitation of calcite and high sodium, which is most likely due to the disintegration of the soil exchange complex. The SAR increase in a way which leads to the sodisation of soil. The latter one has a negative impact on the physical characteristics of soil, especially the clay texture.

Key words: salting, groundwater, calcite residual alkalinity, salinity, steady-state, geochemical.

INTRODUCTION

INTRODUCTION

Le développement des systèmes irrigués a permis la mise en valeur des terres arables des zones arides. C'est ainsi que depuis une centaine d'années, de grands périmètres ont été construits développant la filière agricole des pays concernés. Cependant, ces pratiques d'irrigation à grande échelle ont modifié le fonctionnement des sols conduisant parfois à la baisse de leur fertilité par le processus de salinisation. Plus de 20 % des terres cultivées sur le globe seraient aujourd'hui affectées à des degrés de dégradation variables par la salinisation (Tyagi, 1996).

La salinité des sols est un problème environnemental qui touche de grandes superficies dans le monde. Les superficies affectées par la salinité atteindraient environ 830 millions d'hectares, soit 6.5 % de la superficie des terres émergées.les sols salés sont principalement situés dans les zones arides, et leur proportion est notablement élevée au proche orient (Egypte, Tunisie), moyen orient (Iran, Pakistan, Bangladesh), en Asie central (Ouzbékistan), au nord de la Chine et en Argentine (FAO, 2000).

En Algérie, la superficie des sols salés augmente de plus en plus et chaque année, 3.2 millions d'hectares soit un taux de 15 à 20% dont la majorité est des terres irriguées (Douaoui et Hartani, 2007). Le chiffre de 4 % de la surface agricole utile (S.A.U.) affectée par les sels est avancé par les services du ministère de l'agriculture et de la pêche (M.A.P., 1998) ; il semble bien en deçà de l'ampleur réelle du phénomène de salinisation dans le pays, comme le montre le chiffre de 1490 ha de SAU touchée par la salinité, nettement sous-estimés, qui est avancé pour les plaines du Cheliff. Les superficies qui sont actuellement touchées par la salinité avoisinent les 80 % .Cette salinisation ne cesse de s'étendre spatialement et d'augmenter temporellement (Douaoui et *al.* 2006).

L'objectif de ce travail est d'étudié l'évolution géochimique de la solution du sol en contact avec une eau a alcalinité résiduelle calcite positif en condition contrôlé. L'étude s'applique aux conditions du de la plaine du Bas-Chéliff dont la salinité des sols ne cesse d'augmenter en particulier pour les sols irrigué. La seule question poser est donc : La voie de salinisation du sol irrigué par une eau à alcalinité résiduelle calcite positif voie neutre ou alcaline? Afin de répondre à notre objectif, le présent travail est structuré comme suite :

- Dans le premier chapitre on présentera le cadre générale et objectif du mémoire ;
- Au deuxième chapitre, on présentera les bases théoriques et bibliographiques relatifs à notre thème d'étude ;
- Le troisième chapitre donne les matériels et les méthodes utilisés pour réaliser ce travail ;

Enfin, le quatrième chapitre, constitue l'essentiel de ce travail et porte résultats et discussions.

CHAPITRE I

Cadre général et objectif

CHAPITRE I

Cadre général et objectif

I.1 Introduction

Si l'irrigation contribue dans la sécurité alimentaire de nombreux pays vivant au seuil pauvreté, elle peut poser des problèmes de gestion et de conservation des sols et des eaux. Il convient donc de discuter la performance de l'agriculture irriguée non seulement par rapport à une capacité de production immédiate, mais aussi par rapport à une durabilité des pratiques proposées. Une attention particulière doit être apportée aux dégradations considérées comme irréversibles et qui peuvent être effectives ou, et dans la plupart des cas, à coût de réhabilitations excessif. (Abbée et *al*, 1997).

Les régions semi-arides et arides sont caractérisées par un bilan hydrique négatif, l'évaporation de l'eau accumulée dans les zones basses, issues de nappes superficielles ou encore des irrigations sur les aménagements hydro-agricoles, conduit naturellement à une concentration des solutions et à une tendance à la salinisation des sols. Cette dernière n'est qu'une facette du problème, l'alcalinisation a aussi des répercussions secondaires sous forme de dégradation physique du sol.

Irriguer en zone aride pose donc des problèmes de gestion et de conservation des sols et des eaux, principalement liés à la dynamique hydrogéochimique. En général, l'irrigation peut soit produire la mobilité des sels initialement présents dans le sol, soit en apporter à ce dernier. Dans les deux cas, une dégradation des aptitudes agronomiques peut se produire. Les problèmes posés ne dépendent pas uniquement du régime hydrique ou qu'il y est présence ou absence de drainage, mais aussi de la qualité de l'eau apportée. De ce point de vu, le périmètre irrigué du Bas-Chéliff présente une certaine diversité de situation

I.2. Qualité d'eau d'irrigation et les risques de salinisation

La conductivité électrique (CE) et le SAR (SAR= [Na] / [$\sqrt{((Ca + Mg)/2)}$]) d'une eau d'irrigation sont les paramètres les plus évoqués pour évaluer sa qualité. Cela pose des problèmes pour la prédiction des risques effectifs en particulier pour le SAR car celui-ci SAR change avec le facteur de concentration (Samba, 1998). Selon Barbiéro et *al*, (2004), le concept de SAR présente deux problèmes principaux :

1. L'évaluation du risque de sodicité par le SAR a été établie empiriquement par des données rassemblées principalement en Amérique du Nord (Richards, 1954) qui évoluent en voie saline sous l'influence de l'évaporation (Cheverry, 1974). En général, les eaux utilisées présentent une alcalinité résiduelle de calcite négative (RAcalcite < 0), et le risque de sodicité est pratiquement zéro dans ce scénario. D'autre part, le risque de sodicité est présent dans les endroits où les eaux d'irrigation ont une alcalinité résiduelle de calcite positive (RA calcite > 0) tels que ceux du Niger (Cheverry, 1974). Par conséquent, dans le dernier cas, l'utilisation du concept du SAR mène à une sous-estimation du risque de sodicité, comme il a été observé pour l'eau d'irrigation utilisée dans la vallée du Niger au Mali (Valles et *al*, 1989) ou au Niger (Barbiéro et *al*, 1995).

2. L'évaluation du risque de sodicité du SAR est une vue statique du problème et ne tiens pas compte des changements de la chimie de l'eau due à la concentration après évaporation. Ceci est illustré dans figure (1), où l'évolution du SAR et la conductivité électrique (CE) de trois types d'eau pendant une expérience d'évaporation à la casserole sont tracées. Les données ont été prises par Valles (1987) en Tunisie, Gonzalez Barrios (1992) au Mexique, et Barbiéro (1995) au Niger. Les trois eaux d'irrigation présentent le même risque de sodisation au sol mais évoluent par trois manières différentes. Par conséquent, l'expérience soulève la limitation du concept de SAR.

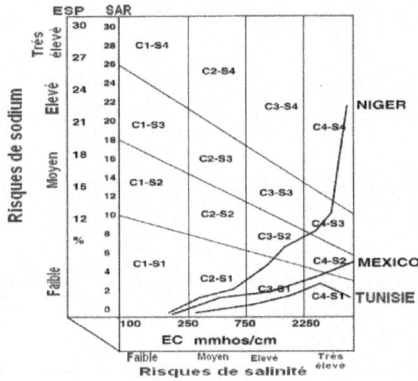

Figure 1. Évolution du SAR et la CE pendant une expérience d'évaporation à la casserole des trois eaux d'irrigation du Mexique, Tunisie et le Niger
(Source : Barbiéro et al, 2004)

I.3. L'irrigation dans la plaine du Bas-Chéliff.

La plaine du Bas Chéliff, à vocation agricole, s'étend sur 60000 ha et comprend plusieurs périmètres irrigués de grande hydraulique. Son périmètre irrigué a été créé durant la période coloniale à partir de 1937. Il s'étendait en 1951 sur plus de 28 000 ha (surface "classée") dont près de 20 000 ha irrigables et 15 000 ha équipés. Actuellement, la surface irrigable est estimée aux environ de 16 000 ha dont moins de 7 000 ha équipés. En 2004, la surface irriguée était de 4 500 ha environ. Les principaux périmètres irrigués de la plaine sont : Ouarizane, H'madna, Oued Rhiou, Djédiouia et Garouaou (fig.2).

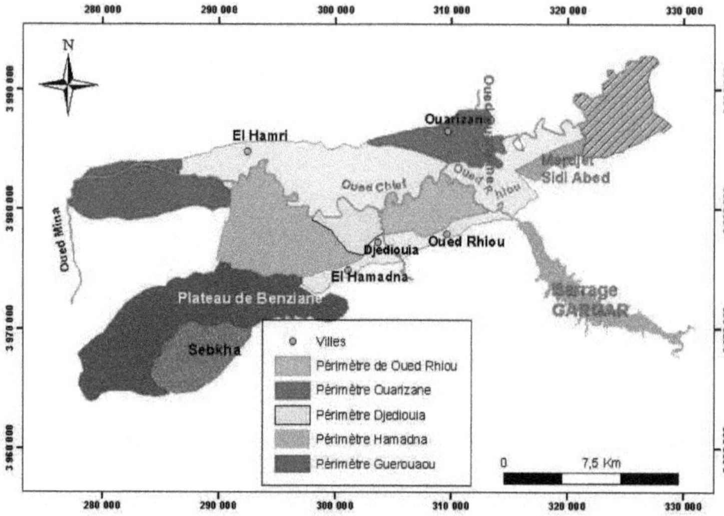

Figure 2. Les périmètres irrigues de la plaine du bas-Cheliff

Actuellement, de nombreuses études climatiques ont montré que l'ouest d'Algérie est caractérisé par une faible moyenne annuelle de pluviométrie et une forte évaporation. Cet état n'a fait que la plaine à un bilan hydrique négatif sur une longue période de l'année. L'intensification de l'irrigation est plus qu'indispensable pour combler le déficit en eau pour la majorité des cultures.

En plus du déficit climatique, la salinité des sols de la plaine est un vrai problème environnemental. Comme la majorité des sols d'Afrique du nord, la salinité dans la région est d'abord primaire c'est-à-dire que les sols sont des alluvions dont le matériau originel était lui-même plus ou moins salé. Les formations salifères (Trias, Miocène, Helvétien, Sahélien) qui affleurent dans l'Ouarsenis en sont les principaux pourvoyeurs (Boulaine, 1957 ; Gaucher et Burdin, 1974). Le processus s'est ensuite accentué sous l'effet de l'irrigation. Douaoui, (2005), montre que la salinité touche plus de 80 % de la surface des sols de la plaine.

I.3.1. Les ressources en eau d'irrigation du périmètre du Bas-Chéliff.

Les principales ressources en eau d'irrigation pour le périmètre du Bas-Chéliff sont constituées par les cours d'eau et les accumulations. Les ouvrages d'accumulations sont

20

essentiellement le barrage de Gargar sur l'Oued Rhiou d'une capacité initiale de 420 Mm[3][1] et la retenue de Merdja de Sidi Abed située à l'amont du périmètre d'une capacité de 50 Mm[3] (fig.1). Les deux ressources en question sont affectées, et depuis 2003, vers la ville d'Oran et n'alimentent plus le réseau d'irrigation (Doauoui et Hartani, 2007 ; Bradaï et al, 2008).

La plaine du Bas Chéliff bénéficie, aussi, de ces ressources en eau souterraines. L'ABH-CZ[2], (2001), a recensé trois aquifères, il s'agit de :

- *La nappe du Miocène calcaire* : localisée le long de la limite sud de la plaine. Elle constituée par des grès et de calcaire du lithothamnium, sa recharge annuelle est évaluée à 1,4 hm[3].
- *La nappe du Pliocène marin* : qui est une suite d'argiles et de marnes avec des couches minces de grès qui affleurent au nord de la plaine. Elle a une recharge annuelle la plus de 11 hm[3].
- *Le Quaternaire Pliocène continental* : constituée de sédiments à base d'argile, de marnes et des lits de sable, de graviers et de conglomérats. Sa recharge annuelle est la plus importante, elle est estimée à 27 hm[3]. localisé au centre de la plaine.

Actuellement, les eaux souterraines sont de plus en plus utilisées en irrigation. Cela est survenu suite à la non disponibilité des eaux de surface à savoir les eaux du barrage de Gargar et de la retenu de Merdjet Sidi Abed.

I.3.2. La qualité des eaux souterraines utilisées en irrigation

Suite à la forte utilisation des eaux souterraines de la plaine du Bas-Chéliff pour l'irrigation, une attention particulière à la qualité chimique de ces eaux. Une étude effectuée en 2008 par Bradaï et *al*, sur une collecte d'eau de 56 forages fonctionnels durant la période des irrigations en 2006 nous a montré que sur la composition chimique de ces eaux et les risques de salinisation des sols irrigués (Bradaï et *al*, 2008). L'étude montre que :

- Les eaux souterraines du Bas-Chéliff sont d'une salinité excessive parfois déconseillée en irrigation ;

---

[1] Mm[3] : Millions de mètre cubes.

[2] Agence du Bassin Hydrographique – Chéliff Zahrez.

- La meilleure classe trouvée lors de la projection des points sur le diagramme de RIVERSIDE est C3S2, qui doit être utilisée avec beaucoup de précaution et en présence d'un réseau de drainage ;
- Le risque de l'évolution chimique des eaux lors de leur concentration par évaporation en s'intéressant au signe de l'alcalinité résiduelle de l'eau.

I.4. Objectif

Le recours aux eaux souterraines pour l'irrigation est devenu une obligation pour la majorité des irrigant dans la plaine du Bas-Chéliff. L'utilisation de cette ressource est venue suite aux problèmes que vit la région comme la sécheresse et la non disponibilité des eaux superficielles. Ces eaux sont de qualité très médiocre voir même non utilisable en irrigation.

L'approche d'alcalinité résiduelle illustrée par Bradaï et *al.* (2008), a fait ressortir qu'il existe des eaux à alcalinité résiduelle calcite (AR.Ca) positive. Ces eaux présentent un risque d'alcalinisation et de sodisation des sols marqué par une dégradation des propriétés physique du sol irrigué.

Dans cette optique nous avons choisi d'étudier l'évolution géochimique des sols irrigués par une eau à alcalinité résiduelle calcite positive (AR.Ca) pour prédire le devenir salin des sols sous des conditions contrôlées (apport d'eau et évaporation).

CHAPITRE II

Base théorique et bibliographique

CHAPITRE II

Salinisation des sols irrigués

II.1. Définitions utiles

Le terme *salinisation* désigne le processus regroupant trois grands types de phénomènes (Tabet, 1999 ; Condom, 2000) : *la salinisation neutre, la salinisation alcaline* ou *alcalinisation* et la *sodisation*. Ces trois mécanismes peuvent apparaître lorsque la solution du sol se concentre. Le faciès chimique de cette dernière détermine la voie empruntée : voie saline neutre ou voie alcaline. La sodisation est une résultante de cette dernière et traduit l'accumulation de l'ion sodium sur le complexe d'échange des argiles. Les états résultants de ces processus de salinisation neutre, d'alcalinisation et de sodisation sont qualifiés de salés, d'alcalins et de sodiques. Les sols sodiques, lorsqu'ils sont au contact avec une eau peu concentrée peuvent subir une destruction de leurs propriétés physiques (Samner, 1993 ; Tabet, 1999 ; Douaoui et *al*, 2004).

La salinisation si elle affecte les milieux naturels sans qu'il y ait l'intervention de l'homme et dite *salinisation primaire*. Elle peut être la résultante des pratiques agricoles et des irrigations : on parle de *salinisation secondaire*. En général, Les pratiques d'irrigation agissent comme catalyseur du phénomène naturel de concentration lorsque les quantités de sels apportées par l'eau d'irrigation dans un sol ou un périmètre sont supérieures à celles qui sont exportées. Elles peuvent aussi accentuer les remontées de sels des horizons profonds en provoquant la remontée de la nappe (Barbéiro et Vallès, 1992 ; Condom, 2000 ; Douaoui, 2005).

II.2. L'irrigation et salinisation des sols

Les sols irrigués sont soumis à des risques de dégradation en rapport soit avec la modification du régime hydrique, soit avec la qualité de l'eau d'irrigation (Samba, 1998 ; Marlet et Job, 2006). La plus part des sols irrigués du globe sont soumises ou menacées, à court terme, par la salinisation des sols qui est définie comme l'accumulation des sels solubles dans le profil (Cheverry et Bourrié, 1995). Cet état de lieu est très fréquent dans les zones semi-arides et arides où on y installe des périmètres irrigués afin de couvrir les besoins d'alimentaires de ces régions. Le tableau 1 montre que près de 77 Mha[3] des terres du globe sont affectées par la salinisation due à l'action de l'homme avec : 53,6 Mha en Asie (70 %) 14,8 Mha en Afrique (19,3 %) et 3,8 Mha en Europe (5%). Les quatre (4) degrés de salinité (léger, modéré, sévère et extrême) définis par Ghassemi et *al* (1995) *in Marlet et Job, (2006)* couvrent respectivement 34,6, 20,8, 20,4 et 0,8 Mha. Pour la salinisation naturelle, Tangji (1990) estime que plus de 340 Mha présenteraient des sols salés (salinisation neutre) et 560 Mha seraient couverts par des sols à alcali (alcalinisation et sodisation)

Tableau 1 : Estimation globale de la salinité des sols irrigués dans le monde (Marlet et job, 2006).

Continents	Superficie (10^6ha)					
	Légère	Modérée	Sévère	Extrême	Total	%
Afrique	4,7	7,7	2,4	-	14,8	**19,3**
Asie – Pacifique	26,8	9,0	17,0	0,8	53,6	**70,0**
Amérique du sud	1,8	0,3	-	-	2,1	**2,7**
Amérique du nord et Centrale	0,3	1,5	0,5	-	2,3	**3,0**
Europe	1,0	2,3	0,5	-	3,8	**5,0**
Total	**34,6**	**20,8**	**20,4**	**0,8**	**76,6**	**100**

II.3. Mécanisme et processus de salinisation des sols irrigués

II.3.1. Mécanismes géochimique associées à la salinisation des sols

Etymologiquement, le terme salinisation caractérise une augmentation progressive de la concentration des sels dans les sous-sols sous l'influence d'apport d'eau d'irrigation chargée, l'aridité du climat et le fonctionnement hydrologique particulière du sol (lessivage insuffisant)

---

[3] Mha : Millions d'hectares (10^6 ha)

(Cheverry et Bourrié, 1995 ; Tabet, 1999 ; Condom, 2000 ; Douaoui, 2005, Marlet et Job, 2006). Cette concentration de la solution du sol conduit ainsi à la précipitation successive de minéraux qui modifie sa composition et détermine différentes voies d'évolution des sols en fonction de l'abondance relative des différents ions majeurs dans la solution de départ. Ces ions majeurs sont le calcium (Ca^{2+}), le magnésium (Mg^{2+}), le potassium (K^+), le sodium (Na^+) comme cations et le clore (Cl^-), les sulfates (SO_4^{2-}), les carbonates (HCO_3^-, CO_3^-) comme anions. Les minéraux les plus habituels sont la calcite ($CaCO_3$), le gypse ($CaSO_4$, $2H_2O$) et les silicates comme la sépiolite ($Si_6Mg_4O_{15}(OH)_2$, $4H_2O$) qui contribue principalement au contrôle de la précipitation du magnésium (Appolo et Prosma, 1993 ; Marlet et Job, 2006 ; Marlet et *al*, 2007).

II.3.2. Précipitation et dissolution de minéraux

Généralement, c'est le processus de concentration de la solution du sol qui est à l'origine de la salinisation. Ce processus graduel s'accompagne de la précipitation successive des minéraux, du moins soluble au plus soluble. Dans une solution où deux ions A^+ et B^- sont susceptibles de se combiner pour former un minéral AB, il faut envisager deux phases distinctes au cours du processus de concentration :

- en deçà de la saturation de la solution vis à vis du minéral, la paire d'ions se concentre à la même vitesse que l'ensemble de la solution;
- à l'équilibre, les ions précipitent comme suit

$$A^+ + B^- \Longleftrightarrow AB \qquad \text{...} (1)$$

Les conditions de l'équilibre sont régies par :

$$Ks = \frac{(A^+)(B^-)}{(AB)} \qquad \text{...} (2)$$

Avec : (A^+) activité ionique de A

(B^-) activité ionique de B

Ks, désigne une donnée thermodynamique du minéral AB, constante à une pression et à une température données.

Par convention, pour un minéral AB, (AB) =1 (Condom, 2000), de sorte que lorsque le minéral et la solution sont en équilibre, on obtient :

$$Ks = (A^+)(B^-) \dots\dots\dots\dots(3)$$

$$-pKs = \log(A^+) + \log(B^-) \dots\dots\dots(4)$$

Où : pKs : produit de solubilité du minéral AB

Cependant, les activités des ions A et B ne peuvent croître simultanément : le produit de solubilité étant constant, la concentration simultanée des deux espèces chimiques présentes ne peut se faire. En fonction de leur rapport de concentration dans la solution, la concentration de l'espèce majoritaire va s'accroître tandis que celle de l'espèce associée va diminuer jusqu'à s'annuler (Vallès et *al*, 1989). Cette propriété connue sous le nom de « Loi du T » (Fig.3.) (Vallés et *al,* 1989 ; Tabet, 1999 ; Condom, 2000 ; Barbério et *al*, 2004 ; Marlet et Job, 2006 ; Marlet et *al*, 2007).

Log ([A])

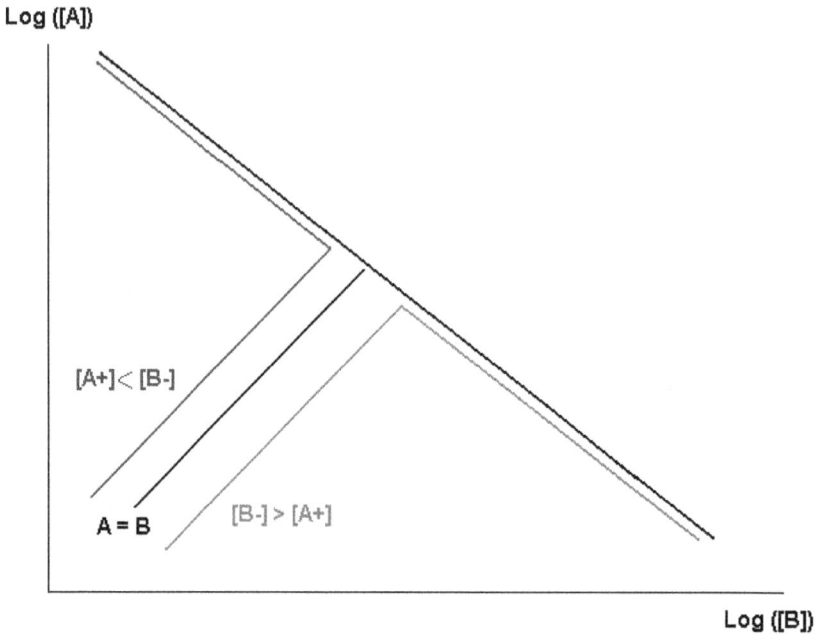

Log ([B])

Figure 3. Évolution de la concentration des ions selon de la loi de T.

(Source : Tabet, 1999).

II.3.3. L'alcalinité résiduelle

Actuellement, la « loi T » est appelée la loi de l'alcalinité résiduelle. Elle permet de prévoir quel est l'ion dont l'activité croit lors de la concentration (Samba, 1998 ; Barbério et *al,* 2004 ; Marlet et Job, 2006). Ainsi, si la calcite précipite, l'alcalinité[4] et le calcium ne peuvent augmenter simultanément. De ce fait, si le nombre de charge de calcium est supérieur à l'alcalinité, la molarité du calcium augmente et l'alcalinité diminue. Dans la situation inverse, la molarité en calcium diminue et l'alcalinité augmente.

Cependant, le concept d'alcalinité résiduelle a été généralisé à la précipitation successive de plusieurs minéraux (Van Beek, et *al.* 1973 ; Al Droubi et *al.* 1976 ; Barbério et Valles 1992 ; Barbério et *al.* 2004 ; Marlet et Job, 2006). L'alcalinité résiduelle est calculée en soustrayant

---

[4] L'alcalinité est définie comme la somme des espèces réactives susceptible de neutraliser des protons. Elle s'exprime en méq/l. Dans les eaux naturelles et les solutions du sol, les carbonates sont dominants.

les charges de cations (chargés positif) et en ajoutant celle d'anions (chargés négatif), impliqués dans les précipitations des minéraux, à l'alcalinité. Elle est le plus souvent considérée par rapport à la précipitation de calcite et de sépiolite, et correspond alors à la définition du concept de *Residual Sodium Carbonates (RSC)* utilisé suite aux travaux de Eaton (1950) et de Richards (1954).

Alcalinité Résuduelle $_{calcite+ Sépiolite}$ = $RSC = Alcalinité - (Ca + Mg)$................ *(mmol$_c$/l)... (5)*

II.3.4. Voie de salinisation

Il existe principalement deux voies de salinisation ; la voie saline neutre et la voie alcaline (Samba, 1998). D'après la loi de l'AR appliquée à la précipitation de la calcite, le produit des activités en calcium et carbonates reste constant à l'équilibre de sorte que si l'une diminue, l'autre doit augmenter. L'alcalinité résiduelle calcite (AR.Ca) est définie par :

$$RA.Ca = Alc - Ca \quad ....\text{mmol}_c/L$$

Ce concept d'alcalinité résiduelle calcite introduit par Eaton en 1950 (carbonates résiduels), développé par Van Beek et Van Bremen (1973) a permis à Cheverry (1974), de définir deux voies d'évolution du sol :

1. Si l'alcalinité résiduelle calcite est positive, la précipitation de la calcite mène à une chute de la concentration en calcium dans la solution du sol alors que l'alcalinité continue de croître avec la concentration : c'est la voie alcaline désignée sous le nom d'alcalinisation. Le sodium devient rapidement dominant par rapport aux autres bases échangeables et se fixe sur le complexe d'échange des argiles au détriment du calcium et du magnésium : c'est le phénomène de sodisation qui mène à une dégradation des propriétés physiques et agronomiques des sols. La hausse de l'alcalinité s'accompagne d'une hausse du pH.
2. Si l'alcalinité résiduelle dans la solution du sol est négative, la formation des minéraux va provoquer une diminution relative de l'alcalinité : c'est la voie saline neutre communément appelée salinisation (Cheverry, 1974) et qui conduit à des sols salés neutres. Ce processus intervient tardivement. Cette voie d'évolution se caractérise par l'accumulation de sels très solubles (chlorures, sulfates de sodium ou de magnésium).

II.4. Impact de la salinisation sur les plantes et la structure d'un sol

Dans le cas de la voie saline neutre, l'augmentation de la pression osmotique n'est pas le seul risque. Peuvent également entrer en jeu :

- le rôle spécifique de certains ions qui s'accumulent lorsque le phénomène de salinisation développe : certains arbres fruitiers peuvent par exemple être sensibles à l'accumulation de

chlorures ou de sodium (Samba, 1998) ;

- L'accumulation d'éléments de transition comme le bore (B), le sélénium (Se) et l'arsenic (As) ou de métaux lourds tels que Cadnium (Cd), Mercure (Hg), peut parfois « accompagner» les ions majeurs lors de l'accumulation saline : le cas du bore est souvent évoqué car dans le sol, la marge entre les concentrations qui provoquent des phénomènes de carence chez la plante et celles qui entraînent une toxicité est étroite pour beaucoup de cultures (Ayers et Wescot, 1988 ; Cheverry et Bourrié, 1995).Quant à la voie alcaline, sa principale conséquence est la dégradation de la structure du sol et donc des propriétés agronomiques. Elle se manifeste de différentes manières :

- La hausse du pH que l'on observe lorsque les carbonates de sodium précipitent, entraîne une solubilisation de la matière organique du sol et on parle de sols à « *salant noir* » : la fertilité de ces sols est alors très fortement réduite car de nombreux éléments indispensables à la plante deviennent totalement insolubilisés (Samba, 1998).

- Lorsque la quantité de sodium fixée sur le complexe est significative, la conductivité hydraulique du sol diminue ; on observe alors une diminution de la porosité et de la stabilité structurale des agrégats (Samba, 1998) et une imperméabilisation du sol en surface par la formation de croûtes (Cheverry et Bourrié, 1995; Condom, 2000 ; Saïdi, 2004).

CHAPITRE III

Matériel et méthodes

CHAPITRE III

Matériel et méthodes

III.1. Présentation des sols

Deux types de textures de sols sont utilisés ; le premier est d'une texture argileuse (S1) provenant d'une parcelle de H'madna, le second est de texture équilibrée (S2) provenant d'une parcelle du périmètre de Ouarizane. Les analyses chimiques des deux sols sont présentées au tableau suivant :

Tableau 2. Composition chimique de S1 et S2.

			CE	Cl	SO4	Alc.	Ca	Mg	Na	K
Sol	Texture	pH	dS/m			mmolc/L				
S1	Argileuse	8	1,76	12	4,16	3,14	8	8	11,3	0,47
S2	Equilibré	8,08	2,23	16	5,91	3	3	1	11,9	0,39

III.2. Présentation des eaux d'irrigation

L'eau utilisée (E1) provient directement d'un forage utilisé habituellement en irrigation dans le périmètre irrigué du Bas-Chéliff. Ce choix est basé essentiellement sur le signe d'alcalinité résiduelle calcite qui est positif. Les caractéristiques chimiques de l'eau utilisée sont présentées dans le tableau 3.

Tableau 3. Composition chimique de type d'eau utilisée (E1).

l'eau	CE	PH	Na	Ca	Mg	K	Cl	SO4	Alc.	RA.Ca*	SAR	Classe RIVERSIDE
	dS/m					mmolc/L						
E1	1,85	7,17	8,6	2,5	1,5	0,49	8,1	1,59	3,67	1,17	7,03	C3S1

* *RA. Ca = Alc. − Ca (mmol$_c$/L)*

III.3. Présentation du dispositif

Les pots utilisés ont un diamètre de 5 cm et une hauteur de 12 cm, soit un volume d'environ 230 cm^3 (fig. 4.). Ces pots ont été fabriqués à partir de morceau de PVC dont la parie inférieure est obstruée par une toile. Ils sont remplies de 200 g de sol après avoir mis quelques grains de gravier au fond afin d'éviter le colmatage à la sortie.

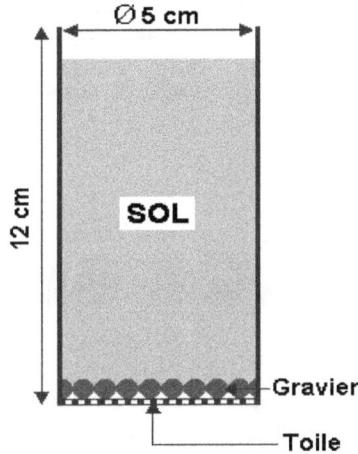

Figure 4. Dispositif expérimental

III.4. Protocole de mesure

L'eau évaporée est mesurée par double pesée. Notre but ici est d'évaporer l'eau et d'apporter la même quantité perdue dans la journée. Une fois le pot est ramené à sa capacité au champ, c'est un facteur de concentration (FC). L'opération est réalisée tout en évitant le lessivage des sels. Après chaque facteur de concentration atteint, un pot est détruit pour que le sol soit analysé.

On a retenu 10 facteurs de concentration qui sont suffisants pour caractériser les tendances évolutives des processus de salinisation. Le type d'eau irrigue 20 pots pour un même type de sol parce que on a divisé chaque type de sol en deux états un état d'équilibré et un état de non équilibre. Comme il y a deux essais, le nombre de pots est de 40.

Un pot est rajouté pour l'état de mise en équilibre afin de pouvoir caractériser l'état initial juste après la mise en équilibre des eaux avec les sols.

33

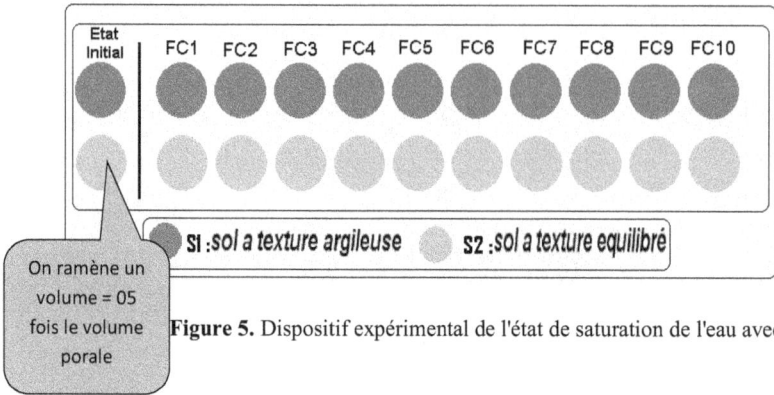

Figure 5. Dispositif expérimental de l'état de saturation de l'eau avec le sol.

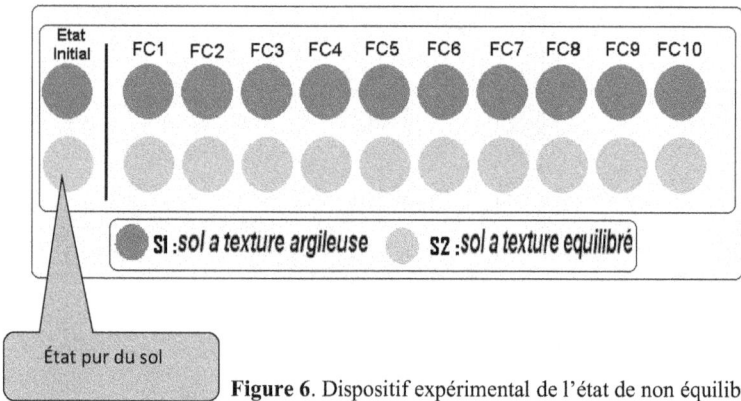

Figure 6. Dispositif expérimental de l'état de non équilibre

Afin de pouvoir évaporé les nos pots irrigués, nous avons construit un dispositif composés de deux lampes et un ventilateur (Fig. 7)

Figure 7. Dispositif d'évaporation

III.5. Protocole des analyses

Pour notre travail, nous avons réalisé deux suivis que nous avons jugé utiles est complémentaires : un suivi géochimique des sols irrigués et un suivi de la stabilité structurale.

Après récupération du sol du pot constituant un facteur de concentration, il est séché à l'air libre, une quantité est tamisée à 2 mm pour procéder à la l'extraction de la solution de sol par procédé de la pâte saturée. Les agrégats sont utilisés pour le suivi de la stabilité structurale.

III.5.1. Préparation de la pâte saturée

Une quantité de sol de 120 g tamisé à 2 mm est placée dans un bécher de 500 ml de volume. On ajoute de l'eau distillée à la terre tout en remuant avec une spatule. Les volumes pédologiques utilisés varient d'un échantillon à l'autre de même que la nature des sols. De ce fait, les volumes d'eau utilisés pour obtenir la pâte saturée varient également d'un échantillon à l'autre (Baize, 1988). L'eau distillée est ajoutée à la terre jusqu'à saturation c'est-à-dire jusqu'à sa limite de liquidité d'Atteberg. On crée ainsi un rapport terre/eau variable selon la texture. Selon Pelven, (1955), à saturation la pâte brille à la lumière et glisse librement le long de la spatule. Ainsi faite, on laisse la préparation reposer librement à la température ambiante.

Pour que les deux phases solide et liquide soient en équilibre, il faut attendre au moins 12 à 24 heures de temps. Au bout de cette période, la plupart des sels sont dissout (Mathieu et Pieltain, 2003).

III.5.2. L'extrait saturé.

L'extraction de la solution du sol est faite par centrifugation à 3000 tours/ minutes pendant 10 minutes. La solution ainsi récupérée est mise dans des bouteilles après l'avoir filtrée jusqu'à sa limpidité. La solution liquide récupérée est prête pour la mesure de la conductivité électrique et les analyses chimiques (cations et anions).

III.6. Les analyses chimiques

La solution du sol récupérée, relative à un facteur de concentration donné, fera l'objet de plusieurs analyses. On détermine d'abord la conductivité électrique (CE), Chlorures (Cl^-), Sulfates (SO_4^{2-}), les carbonates et bicarbonates (CO_3^-, HCO_3^-), le Calcium (Ca^{2+}), le Magnésium (Mg^{2+}) et le Sodium (Na^+) .

A. Dosage des anions : Les anions ont été dosés au laboratoire de pédologie de la faculté des sciences agronomiques et biologiques de l'université de Chlef. les carbonates et bicarbonates (CO_3^-, HCO_3^-), déterminés par la méthode graphique de GRAN, l'ions Chlores (Cl^-) par titrimétrie et les Sulfates (SO_4^{2-}) sont dosées par spectrométrie ultra- violée à la gomme d'acacia (Mathieu et Pieltain, 2003). Les protocoles des analyses d'anions sont présentés en annexe de ce mémoire.

B. Dosage des cations : Les cations ont été dosés au laboratoire de pédologie .Les cations Na^+, K^+ sont dosés par spectrophotométrie a flamme. Le principe est de préparer une solution diluée de l'échantillon à analyser qui est absorbé puis vaporiser à l'aide d'une flamme. Chaque élément dosé lui est approprié une courbe d'étalonnage réalisée au moyen des solutions étalons selon l'élément dosé. Les cations Ca^{++} et Mg^{++} sont dosés par titrimétrie à l'EDTA di-sodique.

III.7. Le suivi de l'évolution structurale

Le suivi de l'évolution structurale est effectué sur les sols après un facteur de concentration donné. Ces facteurs sont : FC1, FC10. La méthode choisie est celle mise au point par Le Bissonnais en 1988 (Le Bissonnais et Le Souder, 1995 ; Le Bissonnais, 1996). Elle a pour objectif de donner une description du comportement des matériaux du sol soumis à l'action de la pluie et de séparer les différents mécanismes les uns des autres.

Dans la continuité de la méthode de Hénin et *al.* (1958), cette méthode permet, d'une part, de bien contrôler la désagrégation et d'autre part, de limiter la réagrégation des particules durant le séchage (Le Bissonnais et al, 1995).

La méthode se réalise par trois principales phases et dont chacune reflète un aspect bien défini de l'effet de la pluie sur les agrégats. Nous avons réalisé un seul état, celui de l'humectation rapide par immersion.

Les échantillons de départ sont constitués d'agrégats calibrés, de 3 à 5 mm, les agrégats doivent être dans les mêmes conditions (séchage à l'air, l'état hydrique et structural). La désagrégation par l'éclatement total : ce traitement permet de tester le comportement de matériaux secs soumis à des humectations brutales, où on met les agrégats en contact avec l'eau distillée (immersion dans l'eau), ces agrégats seront par la suite tamisés dans l'éthanol, pour fixer l'état de désagrégation (fig.8).

Par la suite, on récupère le refus du tamis de 0,1 mm de diamètre qu'on fait sécher ensuite à 105 °C pour le faire passer finalement à travers une série de 5 tamis (2 mm, 1 mm, 0,5 mm, 0,2 mm, 0,1 mm). La fraction inférieure à 0,05 mm est déterminée par différence par rapport au poids total initial.

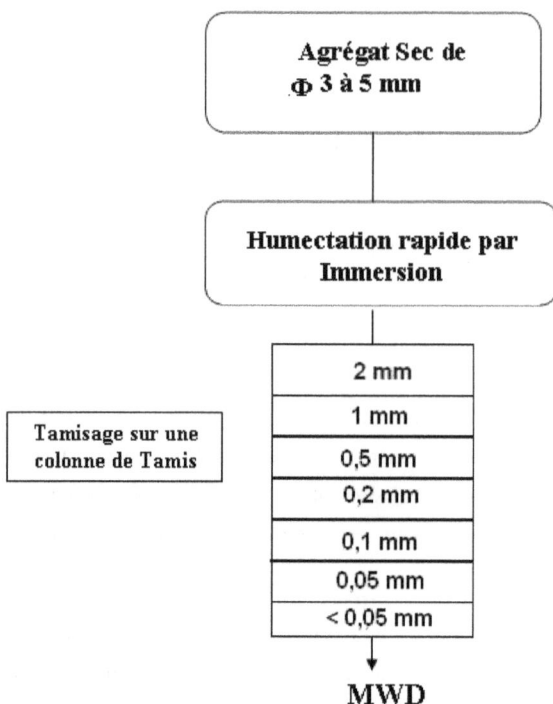

Figure 8. Schéma récapitulatif de la méthode de le Bissonnais

L'expression des résultats des tests permet de calculer le diamètre moyen pondéré dénommé MWD (Mean Weight Diameter) pour chaque phase, tel que :

$$MWD = \frac{\sum_{i}^{n} P_i d_m}{P_t} \qquad\qquad d_m = \frac{d_i + d_{i+1}}{2}$$

Avec n : nombre de tamis.

Pi : poids sec de la fraction recueillie sur le tamis de diamètre de mailles di.

Pt : somme des poids secs.

d mi : diamètre moyen des particules trouvées sur le tamis.

d (i+1) : diamètre des mailles du tamis supérieur à di.

III.8. Présentation des résultats géochimique

Les diagrammes de concentration des ions issus de l'analyse de la solution du sol sont représentés par rapport aux Chlorures (Cl). L'ion chlorure utilisé à la fois comme traceur et indicateur du facteur de concentration par rapport à l'eau de contact (E1).

Le facteur de concentration est estimé à partir du rapport entre la teneur en chlorure de la solution du sol et la teneur en chlorure de l'eau d'irrigation. Ceci permet un classement relatif des échantillons les uns par rapport aux autres.

CHAPITRE IV

Résultats et discussions

CHAPITRE IV

Résultats et discussions

IV.1. Evolution géochimique des sols sous l'effet d'une eau à RA.Ca >0

En rappel ici que la concentration des eaux au cours du temps influe fortement sur leurs relations avec le sol. Cette concentration a été suivie en étudiant les variations des concentrations ioniques en fonction d'un ion supposé inerte (ni précipitation/dissolution, ni réaction avec les phases solubles) et servant de traceur chimique : l'ion chlorure s'avère idéale.

La construction du facteur de concentration est établie en divisant la teneur en chlorure du sol traité par la teneur en chlorure de l'eau E1. L'ion chlorure ainsi retenu comme indicateur du facteur de concentration (FC) et traceur chimique étant donné son caractère conservatif. La construction des diagrammes en valeur logarithmique présentant en ordonnée la molalité de l'ion étudié et en le logarithme du facteur de concentration (Valles, 1985 ; Barbério et Valles, 1992).

IV.1.1. Sol à texture argileuse (S1)

A. Etat d'équilibre

L'équilibre eau-sol est obtenu après avoir laissé le sol mit en pot s'imbibé jusqu'à saturation. L'humectation est faite en laissant le sol s'imbibé à travers la toile installée en dessous du pot. L'apparition de l'eau à la surface du sol signifie que le sol s'est imbibé. Le volume de saturation en eau est obtenu après que le poids du pot (sol + eau) s'est stabilisé et par différence de poids. Ce volume d'eau obtenu va nous servir pour mettre en équilibre eau-sol. En humidifiant le sol avec cinq fois le volume de saturation va ramener le sol à s'équilibrer avec l'eau en question. Le contrôle de la saturation a été fait en mesurant la conductivité électrique de l'eau drainée qui doit être égal à celle de l'eau injectée.

Les sols utilisés vont avoir alors une composition chimique de leur solution semblable à celle de l'eau utilisée. Le volume d'eau de saturation initial est utilisé pour constituer des facteurs de concentration (FC) après avoir évaporé la quantité totale de l'eau apportée.

Pour la précipitation de Ca relatif à la formation de calcite est présentée sur la figure. (9a). Cette dernière montre bien que la précipitation du Calcium. L'éloignement des points de la courbe d'équilibre est révélateur de la précipitation de cet élément. Tout de même, la molalité des carbonates reste toujours supérieure à celle du calcium le long des facteurs de concentration. Le sodium, et au contraire du calcium, il évolue dans le sens des facteurs de concentration mais avec des molalité beaucoup plus supérieurs, en particulier pour les facteurs plus élevé.

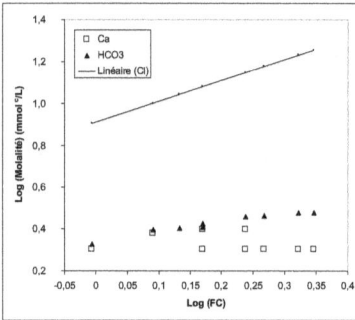

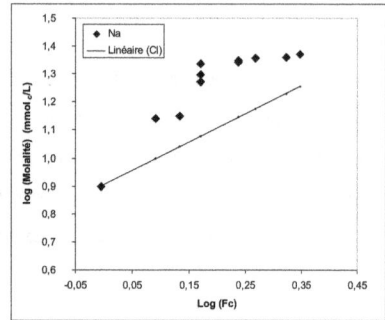

a. Précipitation du calcium

b. Précipitation du sodium

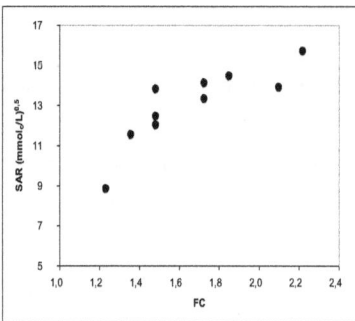

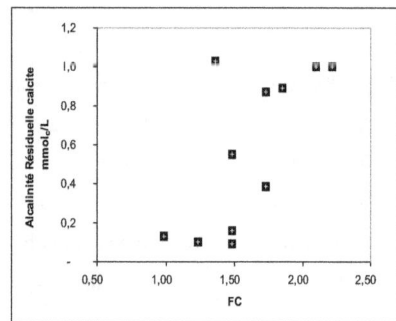

c. Evolution du SAR en fonction de FC

d. Evolution du RA.Ca en fonction de FC

Figure 9. Variation de quelques paramètres de la solution du sol S1 sous l'influence de l'eau E1 à l'état d'équilibre eau-sol

L'augmentation de la molalité du sodium dans la solution ne sera pas sans conséquence sur le l'évolution du SAR de la solution du sol. Ce qui est bien indiqué par la courbe d'évolution du SAR en fonction du facteur de concentration (fig. 9c). En effet le SAR à presque doublé sa valeur en passant d'une valeur de l'ordre 7,03 $(mmol_c/l)^{0,5}$ qui la valeur de l'eau E1 à environ 17 $(mmol_c/l)^{0,5}$. On constate aussi que l'alcalinité résiduelle calcite (RA. Ca) reste positif le long des FC (fig. 9d)

B. Etat de non équilibre

Contrairement à l'état précédent (état d'équilibre eau-sol), pour l'état de non équilibre l'eau est ramené en un seule volume, celui correspondant à la capacité au champ. D'une manière plus simple, les sels initialement présents dans la solution du sol traité ne sont pas lessivés.

Les diagrammes de concentration des éléments présentent la même allure que ceux de l'état d'équilibre en général. On enregistre la précipitation du calcium en particulier pour les facteurs plus élevés. La molalité des carbonates reste toujours supérieure à celle du calcium le long de la concentration (fig. 10a). Le sodium ne précipite pas est reste en solution pour évoluer au même sens que de la courbe d'équilibre. Il est à constater que sa molalité reste inférieure de celle de l'état d'équilibre (fig. 10b). De ce fait, le SAR ce voit évoluer dans le sens des facteurs de concentration mais avec une valeur maximale inférieure à celle de l'état précèdent. Semblablement à l'état précédent aussi, RA.Ca est positive le long de la concentration

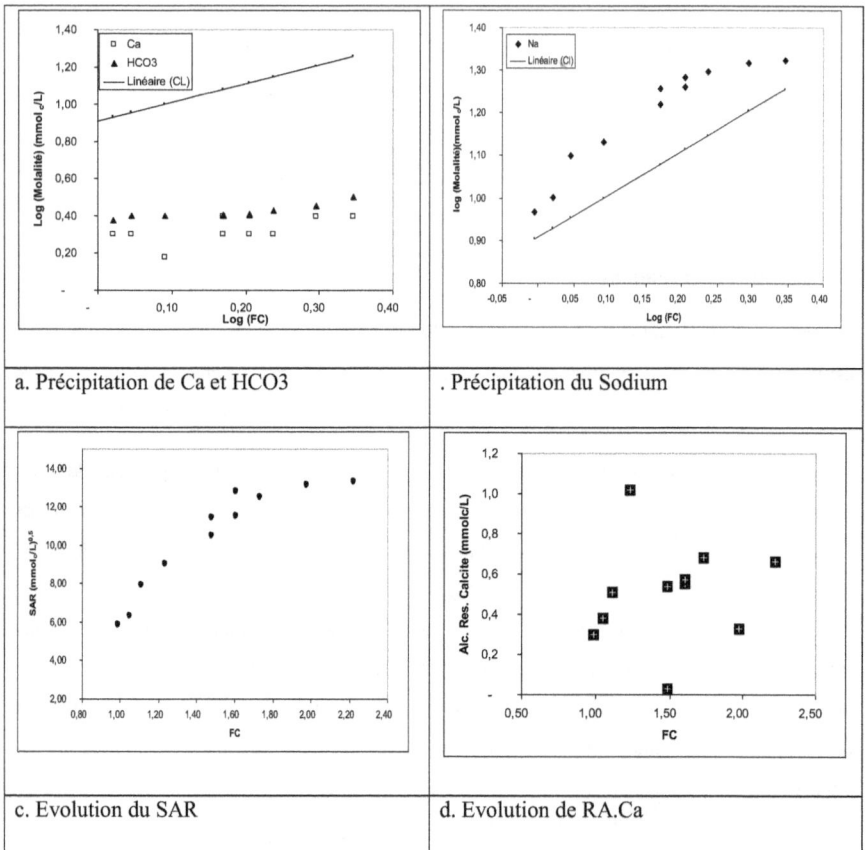

a. Précipitation de Ca et HCO3	. Précipitation du Sodium
c. Evolution du SAR	d. Evolution de RA.Ca

Figure10. Variation de quelques paramètres de la solution du sol S1 sous l'influence de l'eau E1 dans l'état de non équilibre

IV.1.2. Sol à texture équilibré (S2)
    A. Etat d'équilibre

La précipitation du calcium, relative à la précipitation de la calcite est bien constatée sur le diagramme de la figure (11a). En effet, la diminution de la molalité du calcium le long de la concentration montre bien cette précipitation. Aussi, la molalité des carbonates est toujours supérieure à celle du calcium. Ce qui nous amène à dire que ce dernier précipite sous forme de calcite.

Pour le sodium, sa molalité croit en particulier pour les facteurs de concentration plus élevés (fig.11b). Ce qui, sans doute, aura un effet prépondérant sur la valeur du SAR qui atteint une valeur de près de 12 (mmol$_c$/L)^{0,5} (fig.11d). Enfin, L'alcalinité résiduelle calcite reste toujours positive le long de la concentration (fig.11c).

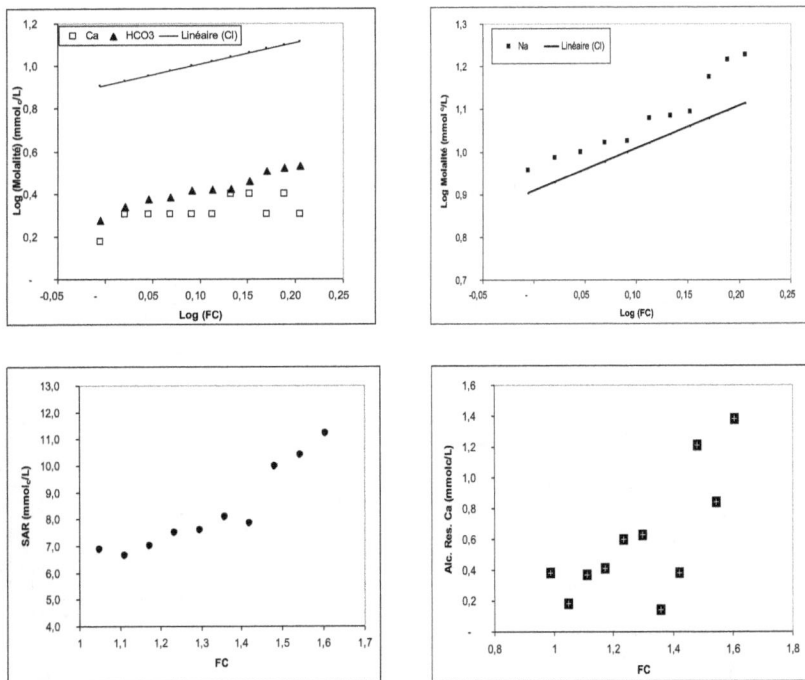

Figure11. Variation de quelques paramètres de la solution du sol S2 dans l'état d'équilibre sous l'influence de l'eau E1

B. Etat de non équilibre

L'allure générale des diagrammes pour l'état de non équilibre est semblable à l'état décrite précédemment. On constate :

- la précipitation de l'ion calcium sous forme de calcite semblablement au cas précédent.
- L'augmentation de la molalité du sodium, en particulier pour les facteurs de concentrations les plus élevés.
- Le SAR évolue avec les facteurs de concentrations
- Enfin, l'alcalinité résiduelle calcite est positive le long de la concentration.

La figure 12 montre les différents diagrammes de l'évolution du sol S2 sous l'effet de l'eau E1

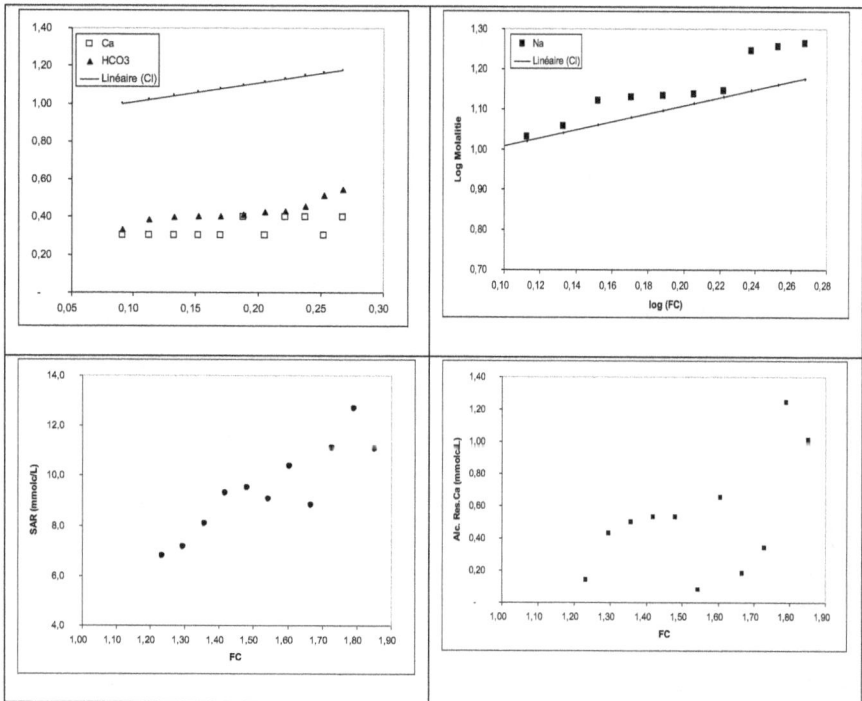

Figure12. Variation de quelques paramètres de la solution du sol S2 sous l'influence de l'eau E1 dans l'état de non équilibre

IV.2. Evolution de la conductivité électrique des sols traités

L'évolution de la conductivité électrique (CE) des deux textures traitées sous l'effet de l'eau E1 pour les deux états sont montrés par les figures 13 et 14. On constate que la CE à l'état initial qui représente l'état d'équilibre est proche de celle de l'eau utilisée. La CE des deux textures sous l'effet de (E1) évolue différemment. On enregistre une CE plus élevée pour la texture argileuse (E1S1). En effet, au dernier facteur de concentration (FC 11), la CE de S1 dépasse 3 dS/m.

Pour la texture S2, elle semble prendre la CE de l'eau E1 pour les deux états. En effet, la CE de cette texture évolue de la même manière pour les deux états étudiés. On enregistre une légère augmentation de la CE vers la fin du traitement qui dépasse légèrement la CE du sol S2.

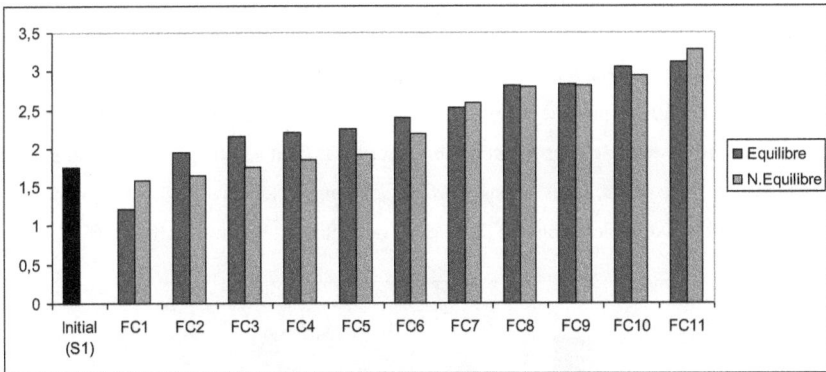

Figure 13 : Evolution de la CE du sol S1 sous l'effet de l'eau E1

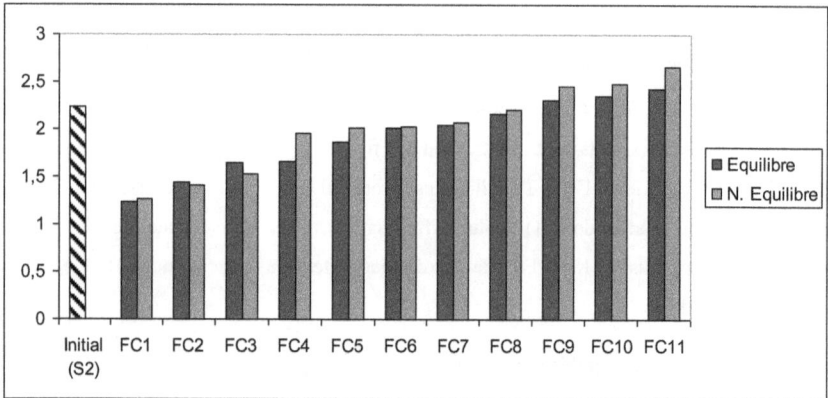

Figure 14 .Evolution de la CE du sol S2 sous l'effet de l'eau E1

IV.3. Evolution de la structure des sols

L'évolution de l'état structurale des sols traités par l'eau (E1) a été suivie en mesurant la stabilité structurale. Le test d'humectation rapide de la méthode Le Bissonnais, (1995), a été retenu pour réaliser le suivi. Aussi le test va être effectué sur les pots à facteur de concentration 1et 10 en plus de la mesure de l'état initial du sol (sans traitement). Cette dernière mesure est réalisée dans le but de comparer l'état final à l'état initial et comme nous avons effectué deux états, nous allons aussi les comparés. Les figures 15 et 16 montrent, respectivement, l'évolution structurale de S1 et S2 pour chaque état sous l'effet de (E1).

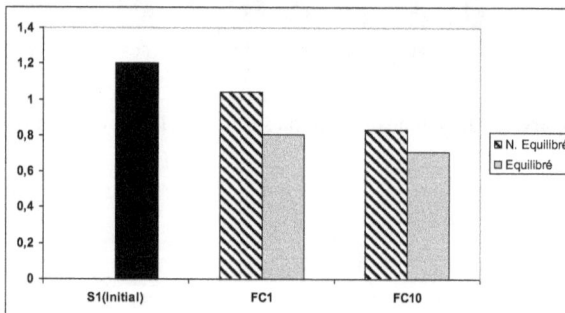

Figure15. Évolution structurale du sol S1 sous l'effet de (E1)

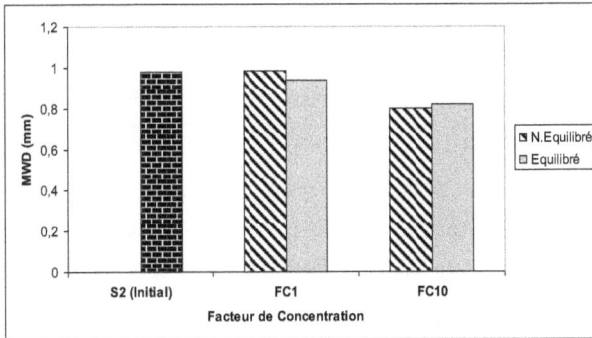

Figure16. Évolution structurale du sol S2 sous l'effet de (E1)

On distingue que l'eau à un effet destructible sur les deux sols traités. On signale que le sol S1 et S2 sont d'une stabilité moyenne. L'effet de la destruction du sol est bien marqué sur l'état d'équilibre car pour celle-ci, l'effet d'apporté des volumes d'eau considérables au départ à déstabiliser le sol traité.

D'une manière générale, la destruction du sol à texture argileuse est bien distinguée du fait que la valeur du MWD la plus minime est atteinte pour cette texture et pour les deux états à la fin du traitement (FC10).

IV.4. Discussions

Les eaux à alcalinité résiduelle calcite (Alc.Rés.Ca >0) sont marquées par une faible salinité et une quantité de carbonate supérieure à Ca. Par définition, l'alcalinité résiduelle contribue au contrôle de l'alcalinité, est donc un indicateur clef pour déterminer la voie de salinisation (Condom, 2000). Quand tout le Ca^{2+} apporté par l'eau (E1 dans notre cas) sont précipité dans le sol sous forme de carbonates de Ca, l'excès de HCO_3^- sera présent sous forme de carbonates et de bicarbonates de Na (et K) dissous. Au fur et à mesure, l'excès de CO_3^{2-} et HCO_3^- apporté va aussi précipiter le Ca échangés du sol, jusqu'à ce que le complexe adsorbant soit presque complètement saturé avec Na et à moindre degré par K. Donc, l'addition continue d'eau d'irrigation va causer une accumulation de carbonates de Na (et de K) entraînant des pH aussi élevés (Glover, 1996 ; Harivandi, 1999 ; Condom, 2000 ; Condom et *al*, 2002).

Cette approche théorique, est peut être validé dans notre cas d'étude. En effet, l'augmentation de facteur de concentration à sûrement provoque la désorption du sodium du complexe d'échange, sous l'effet de l'épuisement totale des ions de grande solubilité à savoir Ca.

L'adsorption très rapide du sodium, et une désorption de calcium qui neutralise l'alcalinité au travers la précipitation de calcite. Ces évolutions sont caractéristique de la voie alcaline de la salinisation (alcalinisation) et une sodisation par la suite (Marlet et Job, 2006).

L'effet de ce type d'eau (E1) est semblable pour les deux sols traités et même pour les 4 états sauf que le taux élevé du SAR pour la texture argileuse nous ramène à dire que l'effet est plus marqué sur ces sols.

Pour l'état d'équilibre, l'effet de la composition chimique à beaucoup influencé l'augmentation du SAR car pour l'état 'équilibre, nous avons ramené la solution du sol à l'équilibre avec l'eau E1.

La variation de la CE est peut marquer, du fait que la CE des deux texture reste en dessous de 4dS/m qui la limite des sols salé. Même avec ça, la destruction des sols est bien montrée par la valeur du MWD qui diminue à la fin du traitement. Cela nous ramène à dire que la précipitation de Ca sous forme de calcite à favorisé l'enrichissement du complexe d'échange avec le sodium ce qui a provoqué une destruction du sol en particulier le sol argileux.

IV.5. Conclusion

Les eaux à alcalinité résiduelle calcite (Alc.Rés.Ca >0) induisent à une sodisation des sols. Cette sodisation est plus marqué sur les sols à texture argileuse qui enregistrent une valeur de SAR importante (>16 $(\text{mmol}_c/L)^{0,5}$.

CONCLUSION

CONCLUSION

L'objectif de ce travail est d'étudier l'évolution géochimique de la solution du sol en contact avec une eau a alcalinité résiduelle calcite positif en condition contrôlées. Pour répondre à notre objectif, un dispositif a été mis en place au laboratoire. Ce dispositif constitué d'un ensemble de pots fabriqués à partir de tubes PVC de 5 cm de diamètre. Une distribution de deux types de sols l'un d'une texture équilibré et l'autre de texture argileuse et on a divisé chaque type du sol en deux états un état d'équilibre et un état de non équilibre. Un seul type d'eau est ensuite utilisé pour l'irrigation. L'eau utilisée pour l'irrigation est marquée par une alcalinité résiduelle calcite positive.

Les résultats obtenus ont montrés que l'eau utilisé provoque une augmentation du SAR et la CE alors qu'elle ne présente aucun danger au départ en se référent à la méthode de classification à savoir ceux de Richards (1954).

Les eaux à alcalinité résiduelle calcite positif ont un effet sur l'augmentation du SAR plus marque sur le sol à texture argileuse. Le SAR enregistre, dans ces sols, des valeurs très élevées comparativement au sol à texture équilibrée. Le constat fait est que les sols à texture argileuse possèdent un taux de sodium plus élevé sur le complexe d'échange. La précipitation de Ca provoque la désorption du Na du complexe, ce qui va augmenter la concentration de ce dernier dans la solution du sol et augmenté le SAR.

Enfin, Les eaux à alcalinité résiduelle calcite positif provoquent une dégradation des propriétés physique des sols. Le suivi de l'évolution structurale des deux types de texture à prouver ce constat. L'action des eaux à alcalinité résiduelle calcite positive ont un effet très marqué sur l'état d'équilibre du sol à texture argileuse. Cet effet est dû à la valeur très élevée du SAR enregistré pour cette texture sous l'effet de ces eaux.

En termes de perspectives :

Vue les jeux de données obtenues par notre expérimentation, il serait intéressant de continuer le travail par :

- Calcule de spéciation des espèces, il s'avère que le modèle « PHREEQC » (diffusé gratuitement par l'*US geological survey*) pourrait être très recommandé dans ce genre de calcul. Cette étape pourra nous donner avec précision la précipitation des espèces chimiques.

- Les analyses de la CEC pour prévoir les échanges eau-sol. Cette étape peut aussi être simulée par Phreeqc.

Enfin, l'étude menée est purement expérimentale, une étude similaire sur terrain pourrait donnée d'avantages. Comme on peut aussi faire le suivie d'une parcelle irrigué avec ce type d'eau.

Références bibliographiques

Abbe F., Ruelle P., Garin P., Leroy P., Mallhol J.C., Deumier J.M., (1997). Irrigation practices farm level and analysis of water management during water shortages : cases study in Chartente (SW France). ICID Workshop on «Sustainable irrigation in areas of water scarcity and drought" 11-12 septembre, Osford, Grande-Bretagne (England), pages 63-72.

ABH–CZ., (2001). Bulletin de la qualité des eaux souterraines des nappes du Chéliff Zahez. Ministère des ressources en eau.19P.

Al Droubi A., (1976) : Géochimie des sels et des solutions concentrées par évaporation -

Modèle thermodynamique de simulation - Application aux sols salés du Tchad. Mémoire des Sciences Géologiques, 46, 177 p.

Appelo C.A.J., Postma D., (1993). Geochemistry, groundwater and pollution. Rotterdam, Netherlands, A.A. Balkema

Ayers R.S et Westcot D.W., (1988) : La qualité de l'eau en irrigation. Bulletin de la FAO d'irrigation et de drainage.29Rév. 1,165p.

Baize D., (1988). Guide des analyses courantes en pédologie. Choix – Expression – Présentation - Interprétation. Ed. INRA - Paris, 172P

Barbiero L., Vallès V. et Cheverry C., (2004): Reply to J.W. Van Hoorn "Some observations with respect to sodicity hazard of irrigation waters". Letter to the Editor / Agricultural Water Management 68 : 177–184.

Barbiéro L., (1995) : Les sols alcalinisés sur socle dans la vallée du fleuve Niger. Origine

de l'alcalinisation et évolution des sols sous irrigation. Travaux et Documents Microfichés Orstom 138, 209 pp.

Barbiéro L., Valles V. et Régeard A., (1995) : Contribution de la fluorine au contrôle géochimique du calcium sur un bas fond sahélien du Niger. Conséquences pour une estimation quantitative de l'évolution des sols. Comptes Rendus de l'Académie des Sciences, Paris 321, série II, pp. 1147–1154.

Boulaine J., (1957) : Etude des sols des plaines du Chéliff. Thèse Doc. Es science, Université d'Alger. 575p.

Bradaï A. H. et Douaoui et Marlet S., (2008) : Qualité des eaux souterraines utilisées en irrigation et risque de dégradation des sols dans la plaine du Bas-Chéliff. 4ème colloque international SIRMA : Economie d'eau des les système irrigués. Mostaganem 26-29 Mai 2008. 8p.

Cheverry C., (1974) : Contribution à l'étude pédologique des polders du lac Tchad. Dynamique des sels en milieu continental subaride dans les sédiments argileux et organiques. Thèse. Science, U.L.P. Strasbourg, 257 p.

Cheverry J. C. et Bourrie G., (1995) : La salinisation des sols. "Sols C2 : interfaces fragiles". 3° Partie : Conséquences de l'utilisation des sols par l'homme. Coédition INRA/Nathan, 24 p.

Condom N., (2000) : Analyse et modélisation couplée des processus hydrogéochimiques de la salinisation des sols. Application aux sols rizicoles irrigués de l'Office du Niger (Mali). Thèse Doctorat Ecole National Supérieur d'Agronomie de Montpellier. 240p

Douaoui A., (2005) : Variabilité spatiale de la salinité en relation avec certaines caractéristiques des sols de la plaine du Bas-Chéliff. Apport de la géostatistique et de la télédétection. Thèse Doct. d'état, INA – Alger. 225p.

Douaoui A. et Hartani. T., (2007) : Impact de l'irrigation par les eaux souterraines sur la dégradation des sols de la plaine du Bas-Chéliff. Actes de l'atelier régional SIRMA. Tunis, Juin 2007.

Douaoui A., Herve N., Walter Ch., (2006). Detecting salinity hazards within a semiarid context by means of combining soil remote-sensing data. GEODERMA, 134, 1-2. pp 217 – 230.

Douaoui A., Gascuel-Odoux C., Walter Ch., (2004) : Infiltrabilité et érodibilité de sols salinisés de la plaine du Bas Chéliff (Algérie). Mesures au laboratoire sous simulation de pluie. EGS, Vol. 11, N°4, 2004, 379-392

Durand J.H., (1983) : Les sols irrigables : étude pédologique. 399 p.

Gaucher G., Burdin S., (1974). Géologie, Géomorphologie et hydrologie des terrains salés.Techniques vivantes, Presses Universitaires de France, Imp. Boudin, Paris

Glover C.R., (1996). Irrigation Water Classification Systems (Guide a-116). New Mexico State University is an equal opportunity/affirmative action employer and educator. NMSU and the U.S. Department of Agriculture. 4p

Gonzalez Barrios, J.L., (1992). Eau d'irrigation et salinité des sols en zone aride mexicaine. Exemple de la Comarca Lagunera. Ph.D. Thesis. USTL, Montpellier II, 316pp

Harivandi A., (1999): Interpreting turfgrass irrigation Water test result. Water journal of California, Publication 8009 University of California, Division of agriculture and natural resources. 9p.

Hénin S., Monnier G., Combeau A., (1958). Méthode pour l'étude de la stabilité structurale des sols. Ann. Agro., I. 71-90.

Le Bissonnais Y. et Le Souder Ch., (1995) : Mesure de la stabilité structurale des sols pour évaluer leur sensibilité à la battance et à l'érosion. Etude et Gestion des Sols, 2, 1, Pp 43 – 55.

Le Bissonnais, Y., (1996): Aggregate stability and assessment of soil crustabiliy and erodibility: 1. Theory and methodology. European Journal of Soil Science,

M. A. P. (Ministère de l'Agriculture et de la pèche)., (1998). La salinité des terres agricoles : situation et problématique, 30 p.

Marlet S., et Job J.O., (2006) : Processus et gestion de la salinité des sols. In : Tiercelin, J.R.

Marlet S., Bouksila F., Mekki I., Benaissa I., (2007). Fonctionnement et salinité de la nappe de l'oasis de Fatnassa : arguments géochimiques. Actes du troisième atelier régional du projet Sirma, Nabeul, Tunisie, 4-7 juin 2007.

Marlet S., (2004). Evolution des systèmes d'irrigation et gestion de la salinité des terres irriguées. Projet INCO-WADMED, Acte du séminaire de l'Agriculture Irriguée. Rabat du 19 au 23 Avril 2004. 11p.

Mathieu C. et Pieltain F., (2003) : Analyse chimique des sols, méthodes choisies. Ed. Tec & Doc, Lavoisier. 388p.

Pleven J., (1955) : Comparaison de l'extrait saturé d'un sol et de son extrait salin l/10, Travaux des sections agrologie et pédologie, bulletin no 1, 4 p.

Richards, L.A., (1954): Diagnosis and Improvement of Saline and Alkali Soils. USDA

Agricultural Handbook 60, Washington, 160 pp.

Rodier J., (1996): Analyse de l'eau. Ed DUMOND, Paris

Saidi D., Le Bissonnnais Y., Duval O., Daoud Y., Halitim A., (2004). Effet du sodium échangeable et de la concentration saline sur les propriétés physiques des sols de la plaine du Cheliff (Algérie). Etude et Gestion des Sols, 137-148.

Samba R., (1998) : Riziculture et dégradation des sols en vallée du fleuve Sénégal: analyse comparée des fonctionnements hydro-salins des sols du delta et de la moyenne vallée en simple et double riziculture. Thèse Doc. Ing., Uni. Cheikh Anta Diop de Dakar (Sénigal). 175

Sumner M.E., (1993). Sodic soils – new perspectives. Aust. J. of Soil Res., 31, 683 750.

Tabet, D. H., (1999). Intérêt d'une approche spatiale pour le suivi de la salinité des sols dans les systèmes irrigués. Cas de la subdivision de Christian dans le Punjab (Pakistan). Thèse de doctorat, Ecole Nationale du Génire Rural des Eaux et des Forêts, 325 pp.

Tangji N. K., (1990) - The nature and extent of salinity problem. In: Tangji, K. K., eds. Agricultural Salinity Assessment Management, ASCE, New York: pp 1-17.

Valles, V. N'Diaye M.K., Bernadac A. et Tardy Y., (1989). Mali. Al, Si and Mg in water concentrated by evaporation: development of a model. Arid Soil Res. Rehabil. 3, pp 21–39

Vallès V., (1985) : Etude et modélisation des transferts d'eau et de sels dans un sol argileux. Application au calcul des doses d'irrigation. Thèse Doct.-Ing., INP, Toulouse, n°15, 150 p

Van Beek (C.G.E.M.) et Van Breemen (N.)., (1973). - Thealkalinity of alkali soils. Journal of Soil Science, vol. 24, no 1: 129-136.*Cah.*

Sites Internet :

http://www.Fao.org